1850

Texte français établi par :
 Evelyne Lallemand

avec la collaboration de :
 Mireille Lamarque

Photographies :
 C. Streeter

Édition originale :
Copyright © 1991 *illustrations* Dorling Kindersley Limited, London
Copyright © 1991 *text* Neil Ardley

Édition française :
© Bordas, Paris, 1991
ISBN, 2-04-019249-2
Dépôt légal : février 1991
Imprimé en Belgique

« Toute représentation ou reproduction, intégrale ou partielle, faite sans le consentement de l'auteur, ou de ses ayants droit, ou ayants cause, est illicite (loi du 11 mars 1957, alinéa 1er de l'article 40). Cette représentation ou reproduction par quelque procédé que ce soit, constituerait une contrefaçon sanctionnée par les articles 425 et suivants du Code pénal. La loi du 11 mars 1957 n'autorise, aux termes des alinéas 2 et 3 de l'article 41, que les copies ou reproductions strictement réservées à l'usage privé du copiste et non destinées à une utilisation collective d'une part et d'autre part, que les analyses et les courtes citations dans un but d'exemple ou d'illustration. »

Le petit chercheur

L'EAU

Bordas *Jeunesse*

N. Ardley

Qu'est-ce que l'eau ?

L'eau est bien sûr agréable pour se baigner, mais elle est surtout essentielle à la vie. Tous les êtres vivants ont besoin d'elle. Nous pourrions survivre plus longtemps sans manger que sans boire ! L'eau n'est pas seulement un liquide. Elle devient un solide lorsqu'elle gèle, et un gaz lorsqu'elle bout ; elle se transforme alors en vapeur d'eau qui disparaît dans l'air.

La force de l'eau
L'eau peut transformer le paysage. Grâce à leur force, les vagues arrachent des rochers et modifient l'aspect des falaises.

Le poids de l'eau
Savais-tu que plus de la moitié du poids du corps humain correspond à de l'eau ? Le contenu de ces seaux est égal au volume d'eau contenu dans le corps de cette jeune fille !

Un monde d'eau
Les océans et les mers couvrent presque les trois-quarts de la surface de la Terre.

Jeux dans la neige
Quand l'eau gèle, elle se transforme en glace ou en neige. Et en avant les batailles de boules de neige et les glissades !

Voici la pluie
L'eau a une influence sur le temps. Ainsi, quand les nuages contiennent trop de vapeur d'eau, il se met à pleuvoir !

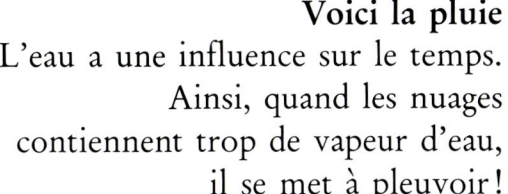

Prudence !

⚠️ Ce signe veut dire **attention**. Lorsque tu le verras, demande à un adulte de t'aider.

Suis attentivement les instructions des expériences et sois prudent quand tu devras utiliser des objets en verre, des ciseaux, des allumettes, des bougies ou l'électricité. Ne porte rien à ta bouche ou à tes yeux. Pense à tout nettoyer, sécher, débrancher et ranger dès que tu as terminé une expérience.

Les pierres légères

Impressionne tes amis par ta force. Demande-leur de soulever un lourd sac de pierres. Ils auront bien du mal. Mais pas toi, car l'eau t'aidera !

Il te faut :

Un pot à eau

Des pierres

Une grande cuvette

Un sac en plastique

1 Mets les pierres dans le sac en plastique. Demande à un ami de le soulever. Que c'est dur pour lui !

2 Retire les pierres. Pose le sac dans la cuvette. Glisse les pierres dedans.

3 Verse de l'eau dans la cuvette. Attention de ne pas en mettre dans le sac !

4 Soulève le sac de pierres. C'est bien plus léger !

L'eau exerce une poussée sous le sac. Elle le porte.

Du poids en moins !

Tu es moins lourd dans l'eau car elle te porte. Les piscines sont souvent utilisées pour rééduquer les gens blessés ou opérés : dans l'eau, ils se déplacent plus facilement.

Les billes flottantes

Pourquoi des choses aussi lourdes qu'un bateau flottent-elles tandis que des objets moins lourds coulent ? Tout dépend de la quantité d'eau que les objets repoussent ou « déplacent ». Plus elle est grande, plus elle exerce sur eux une poussée importante par dessous. Et ainsi, ils flottent !

Il te faut :

De la pâte à modeler

Des billes

Un grand verre d'eau

1 Laisse tomber les billes dans l'eau. Elles coulent ! Puis laisse tomber une boule de pâte à modeler.

2 La pâte à modeler coule aussi ! Ni elle ni les billes ne déplacent assez d'eau. Celle-ci n'exerce pas une poussée suffisante pour les porter.

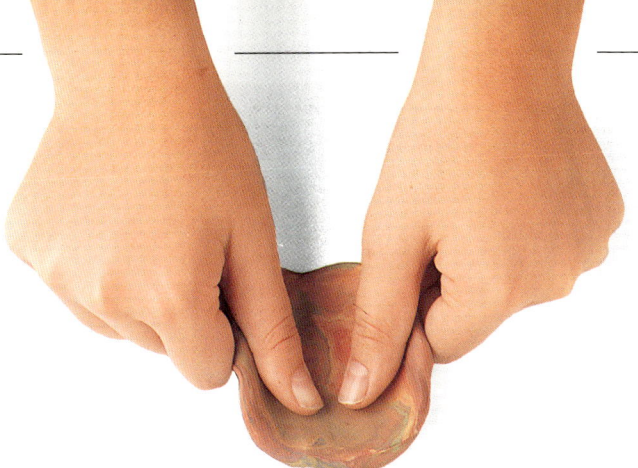

3 Retire les billes et la pâte à modeler. Façonne celle-ci en forme de bateau.

4 Pose ton bateau sur l'eau : il flotte ! Son volume étant plus grand que celui de la boule, il déplace davantage d'eau et subit une plus forte poussée.

Le bateau reçoit une poussée d'autant plus forte qu'il est chargé et plus enfoncé dans l'eau. Cette poussée est suffisante pour qu'il flotte.

Bateaux sur l'eau...
Un grand navire déplace beaucoup d'eau : il reçoit donc une forte poussée par en-dessous.

5 Ajoute un chargement de billes. Ton bateau s'enfonce un peu, mais continue à flotter !

Des liquides séparés

Les liquides flottent-ils ou coulent-ils ? Et les objets, que font-ils dans des liquides autres que l'eau ? Cela dépend de leur « densité ». Un certain volume d'un liquide dense est plus lourd que le même volume d'un autre liquide moins dense.

Il te faut :

Un récipient transparent

Un pot d'eau

Un grain de raisin

Du sirop

De l'huile

Un bouchon

Une pièce de jeu en plastique

L'huile est plus légère, ou moins dense, que le sirop.

L'eau est plus dense que l'huile, mais moins dense que le sirop.

1 Verse le sirop dans le récipient.

2 Verse la même quantité d'huile. Elle flotte sur le sirop.

3 Ajoute la même quantité d'eau froide. Elle s'enfonce dans l'huile, mais reste au-dessus du sirop.

Le bouchon flotte sur l'huile.

La pièce de jeu en plastique s'enfonce dans l'huile, mais flotte sur l'eau.

4 Mets la pièce de jeu en plastique, le bouchon et le grain de raisin dans le récipient.

Le grain de raisin s'enfonce dans l'huile et l'eau, mais flotte sur le sirop.

5 Les objets flottent à différents niveaux, selon leur propre densité et celle des liquides.

Marée noire
Le pétrole qui s'échappe des bateaux flotte sur la mer parce qu'il est plus léger, ou moins dense, que l'eau de mer. La marée le pousse sur les plages qu'il faut alors nettoyer à fond.

Un volcan sous l'eau

Savais-tu qu'une eau peut flotter sur une autre ? Réalise une éruption « volcanique » sous l'eau pour le démontrer.

Il te faut :

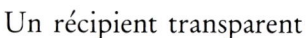

Un récipient transparent — Un pot à eau — De l'encre ou un colorant alimentaire  — Une petite bouteille avec un bouchon

1 Verse de l'eau froide dans le récipient jusqu'aux trois quarts environ.

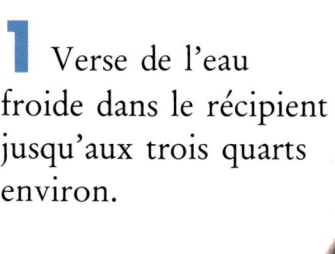

2 ⚠ Remplis la petite bouteille avec de l'eau chaude. Ajoute quelques gouttes d'encre ou de colorant.

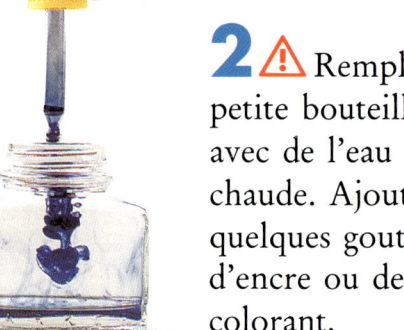

Vérifie que l'encre (ou le colorant) soit bien mélangée à l'eau.

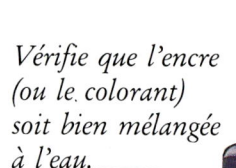

3 Referme la bouteille et agite-la.

L'eau se « dilate » — augmente de volume — quand elle est chauffée. Cela la rend plus légère que l'eau froide.

4 Dépose la bouteille au fond du récipient et dévisse le bouchon.

5 L'eau chaude de la bouteille est plus légère, ou moins « dense », que l'eau froide : elle remonte vers la surface.

6 L'eau chaude colorée forme une couche au-dessus de l'eau froide. Mais en refroidissant, elle va se mélanger à celle-ci.

Geysers sous l'eau !

Une colonne d'eau chaude jaillit d'une faille ou d'un trou au fond de l'océan.

15

Le jet d'eau

L'eau peut-elle s'élever dans l'air ? Fabrique une fontaine et découvre comment faire jaillir l'eau.

Il te faut :

Du sparadrap

Un entonnoir

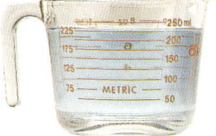

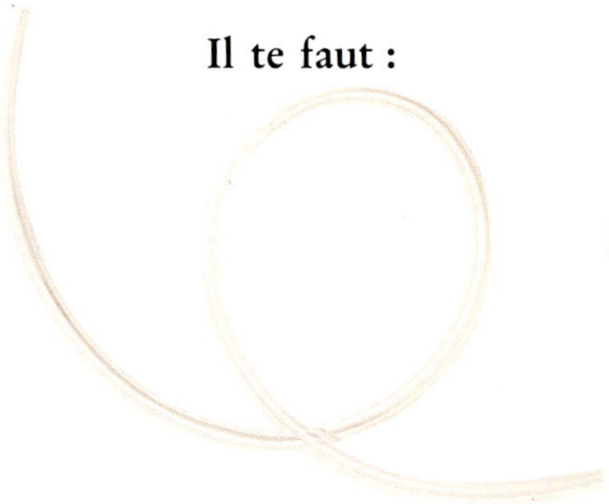

Un tuyau souple   Une épingle   Un pot d'eau

Maintiens l'extrémité bouchée du tube au-dessus de l'entonnoir.

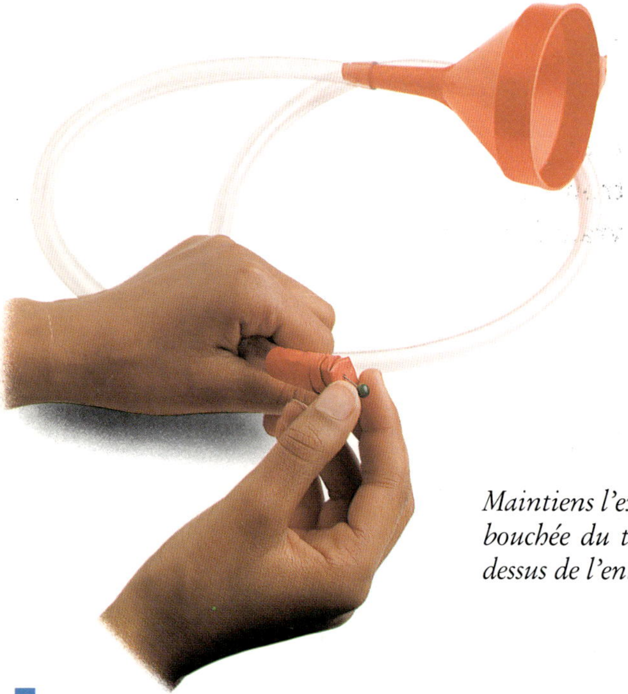

1 Enfonce l'entonnoir dans une extrémité du tuyau. Ferme l'autre bout avec du sparadrap et fais un petit trou dedans avec l'épingle.

2 Remplis le tuyau avec l'entonnoir.

16

3 Place-toi au-dessus d'un évier et abaisse doucement l'extrémité bouchée du tuyau. L'eau commence à sortir par le trou que tu as fait.

Le poids de cette eau la pousse hors du tube et la fait jaillir en l'air.

4 Abaisse encore le tuyau. L'eau jaillit du trou : c'est une vraie fontaine !

La force de la fontaine
L'eau qui alimente cette fontaine provient d'un lac situé sur de hautes collines. L'eau du lac étant située plus haut que la fontaine, celle-ci jaillit en l'air.

Le sous-marin d'eau douce

Comment les sous-marins font-ils pour s'enfoncer dans l'eau et remonter à la surface ? Pour le savoir, construis ton propre bateau avec quelques objets simples. Il plongera et remontera dans une bouteille d'eau, comme un vrai sous-marin.

Il te faut :

Un capuchon de stylo en plastique  Un verre d'eau

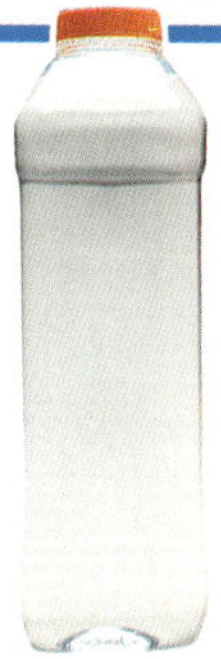

De la pâte à modeler   Une bouteille en plastique transparent

S'il y a un trou à l'extrémité du capuchon du stylo, bouche-le avec un peu de pâte à modeler.

1 Colle une boule de pâte à modeler sur le capuchon du stylo. Voilà ton sous-marin.

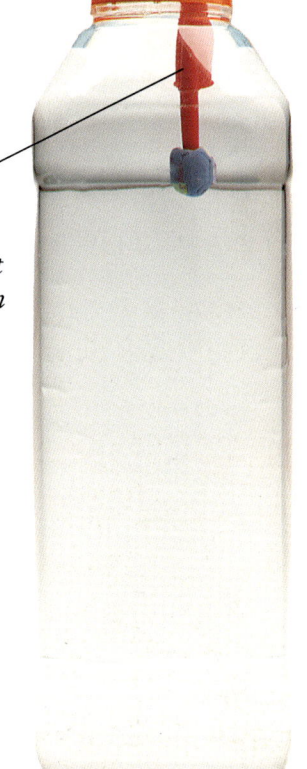

L'air contenu dans le haut du capuchon le fait flotter.

Le sous-marin sort un peu de l'eau.

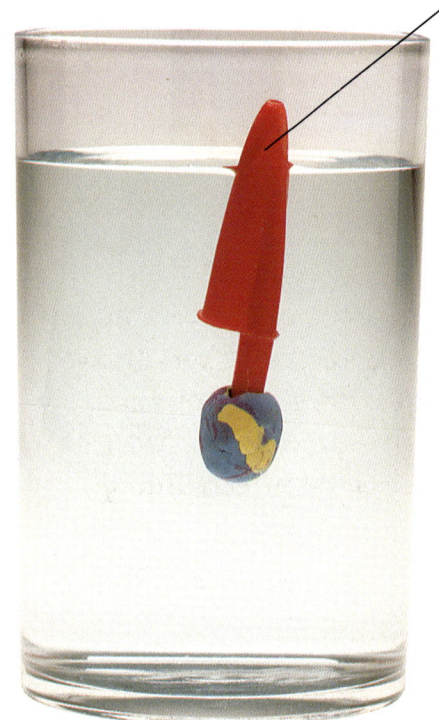

2 Mets le sous-marin dans le verre. Retire ou ajoute de la pâte à modeler pour qu'il tienne droit.

3 Remplis d'eau la bouteille. Mets ton sous-marin dedans et ferme-la bien.

L'eau, en pénétrant dans le capuchon, le rend plus lourd et le fait couler.

L'eau quitte le capuchon. Il devient plus léger et remonte.

4 Appuie fort sur la bouteille. Ton sous-marin s'enfonce dans l'eau.

5 Cesse d'appuyer sur la bouteille. Ton sous-marin remonte à la surface !

L'exploration sous-marine
Les sous-marins qui explorent les profondeurs des océans ont des réservoirs spéciaux que l'on remplit d'eau de mer pour la descente. Pour remonter, on les remplit d'air qui chasse l'eau. Ainsi, le bateau, devenu plus léger remonte en surface.

Le hors-bord

Fabrique un bateau qui bondira en avant lorsque tu tapoteras l'eau derrière lui. Cela te prouvera que l'eau exerce sur ce qui flotte une force appelée «tension superficielle».

Il te faut :

Une grande cuvette d'eau

Du carton de couleur

Du produit à vaisselle

Un crayon

Une règle

Des ciseaux

1 Dessine un triangle sur le carton. Ce sera ton hors-bord.

2 Découpe-le soigneusement et pose-le sur l'eau dans la cuvette.

3 Mets une goutte de produit à vaisselle sur le bout d'un de tes doigts.

4 Quand l'eau ne bouge plus, tapote-la doucement avec ce doigt, derrière le bateau. Il va bondir en avant !

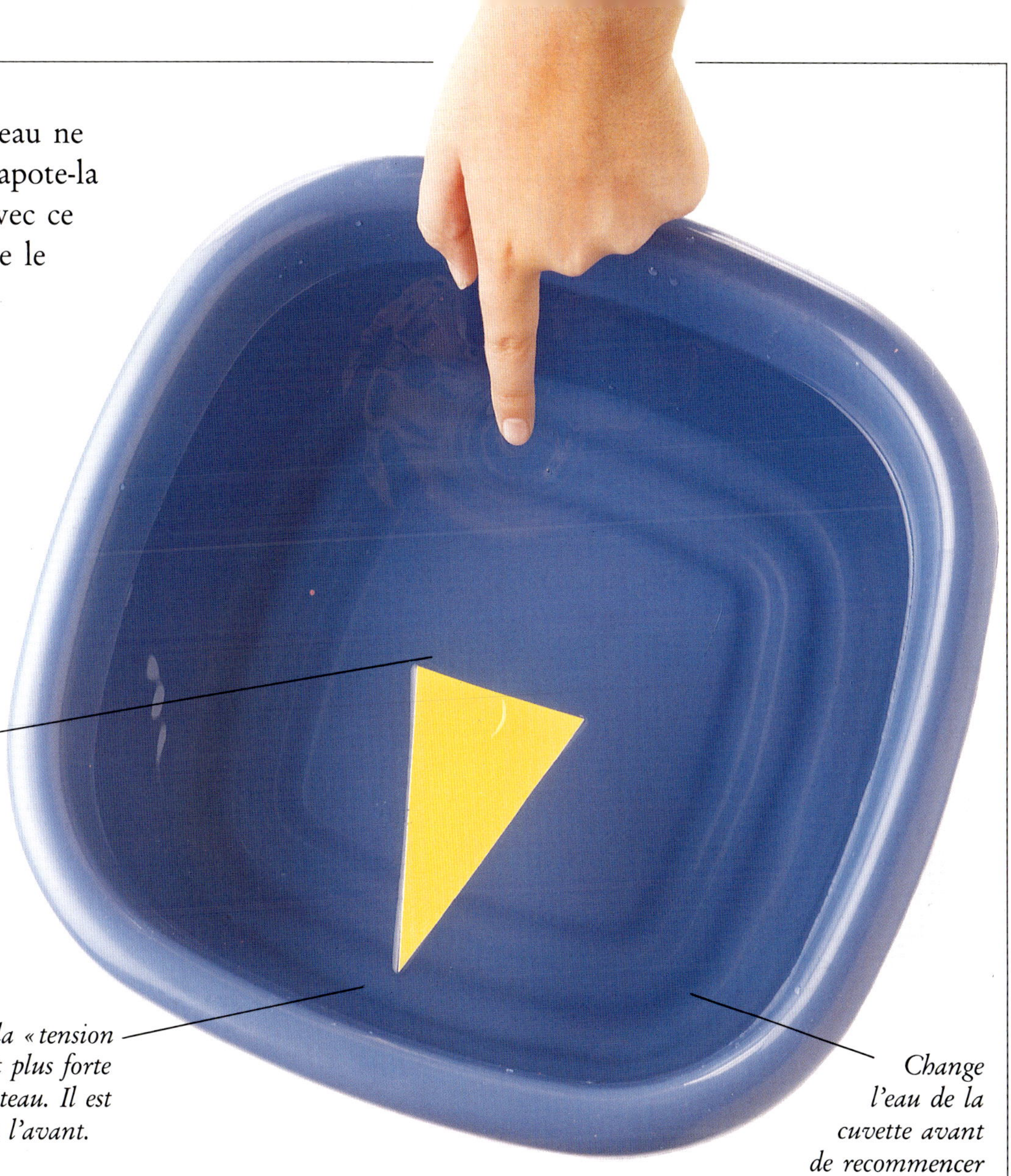

Le produit à vaisselle réduit la traction de la « tension superficielle » derrière le bateau

La traction de la « tension superficielle » est plus forte à l'avant du bateau. Il est donc attiré vers l'avant.

Change l'eau de la cuvette avant de recommencer l'expérience.

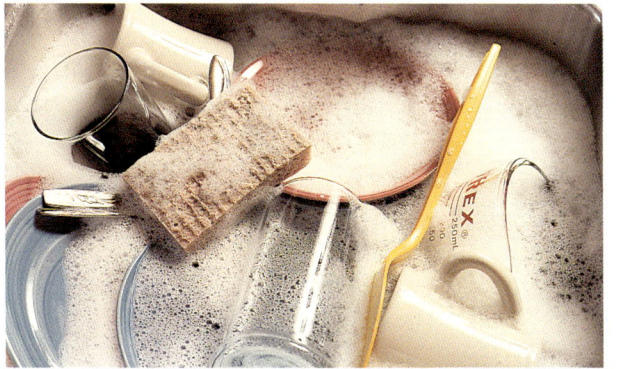

La vaisselle

Les produits à vaisselle facilitent le nettoyage par l'eau.
Ils favorisent en effet le décollement des saletés et des graisses qui sont attachées sur la vaisselle sale. L'eau a moins de mal à entraîner les saletés.

L'eau invisible

Sais-tu ce que devient l'eau des vêtements mis à sécher ? Elle disparaît dans l'air, on dit qu'elle « s'évapore ». Cette expérience très simple va te le prouver.

Il te faut :

Une soucoupe creuse   Un pot d'eau   Un bol

Un stylo feutre   Un petit verre

1 Trace un trait sur le verre avec le stylo.

2 Verse de l'eau dans le verre jusqu'à la marque.

3 Verse l'eau du verre dans la soucoupe.

Fais attention de ne pas renverser d'eau !

4 Remplis de nouveau le verre jusqu'à la marque.

5 Couvre le verre avec le bol. Laisse la soucoupe et le verre recouvert dans un endroit chaud.

Le niveau de l'eau ne baisse pas. La vapeur d'eau ne peut pas s'échapper : elle est prisonnière du bol.

L'eau s'évapore plus vite quand il fait chaud.

6 L'eau dans la soucoupe finit par disparaître. Elle s'est transformée en vapeur invisible qui s'est mélangée à l'air de la pièce et a été emportée.

Le séchage du linge

Quand des vêtements mouillés sont mis à sécher, l'eau se transforme en vapeur qui se mélange à l'air. L'eau s'évaporant petit à petit, le linge finit par être sec.

Les gouttes magiques

Pourquoi observe-t-on des gouttes sur les plantes certains matins, même quand il n'a pas plu ? Parce que l'air contient de l'eau qui devient visible, sous forme de rosée, de nuages ou de brouillard, quand il fait plus froid.

Il te faut :

Des glaçons

Un rouleau à pâtisserie

Un morceau de carton

Une serviette

Un verre

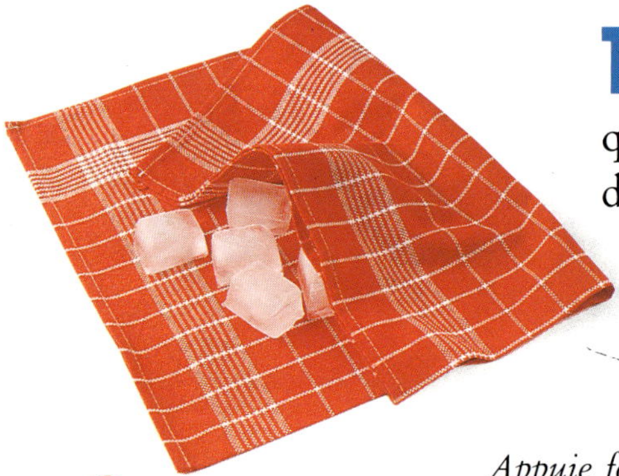

1 Enveloppe quelques glaçons dans la serviette.

Appuie fort sur les glaçons ! Inutile de leur taper dessus !

2 Ecrase les glaçons avec le rouleau à pâtisserie. Tu peux demander à un adulte de t'aider.

3 Verse cette glace pilée dans le verre ; celui-ci doit être bien sec.

4 Couvre le verre avec le morceau de carton et attends quelques minutes.

5 La paroi du verre se couvre de buée. Passe ton doigt autour : il est humide !

La glace refroidit le verre et l'air environnant. La vapeur d'eau présente dans l'air se condense en fines gouttelettes qui se déposent sur la paroi froide du verre.

De minuscules gouttes d'eau apparaissent sur le verre.

La rosée du matin

Certains matins, au contact du sol froid, la vapeur d'eau contenue dans l'air se transforme en minuscules gouttes : c'est la rosée.

La buée, les nuages et le brouillard se forment de la même façon.

La pêche au glaçon

Demande à un ami d'attraper un glaçon avec un fil sans faire de nœud ni toucher le cube de glace. Il te dira que c'est impossible. Mais si ! toi tu peux le faire !

Il te faut :

 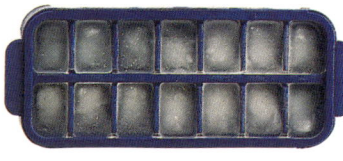 

Du sel — Des glaçons — Du gros fil

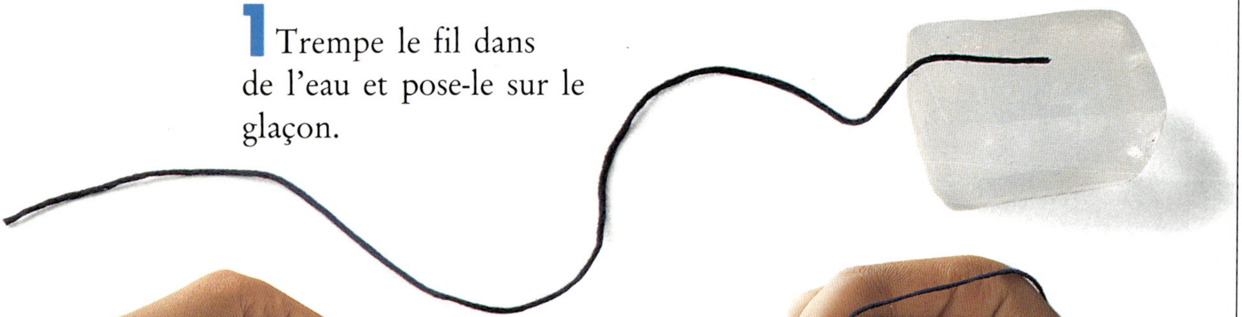

1 Trempe le fil dans de l'eau et pose-le sur le glaçon.

2 Saupoudre du sel sur le fil. Attends environ 30 secondes.

Le sel fait fondre la glace.

3 Soulève le fil et... le glaçon ! Oui, tu as réussi !

Le froid de la glace fait geler de nouveau l'eau. Le fil est ainsi prisonnier du glaçon !

La route enneigée

Une route enneigée ou verglacée est dangereuse parce qu'elle est très glissante. Le sel jeté sur la route transforme la neige ou la glace en eau. La circulation redevient possible.

Place à la glace

Quand l'eau gèle, elle « grossit », elle augmente de volume. Rien ne l'arrête ! Elle peut même casser des canalisations métalliques !

Il te faut :

Un pot d'eau

Du papier d'aluminium

Un entonnoir

Une petite bouteille en verre ou en plastique

1 Avec l'entonnoir, remplis la bouteille à ras bord.

Il n'y a pas assez de place dans la bouteille pour la glace : elle sort par le goulot !

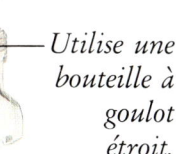
Utilise une bouteille à goulot étroit.

2 Couvre la bouteille avec l'aluminium, *sans serrer*. Mets-la au freezer ou au congélateur. Laisse geler l'eau.

3 ⚠ Quand la glace se forme, elle repousse l'aluminium. Attention ! Le verre peut éclater !

Contre le gel...

Quand il fait très froid, l'eau peut geler dans les canalisations. La glace, occupant plus de volume, les fait éclater. Aussi les entoure-t-on de protections spéciales.

Les fleurs multicolores

L'eau ne fait pas que tomber, elle monte aussi ! Avec ces fleurs multicolores, tu verras comment les plantes puisent dans l'eau ce qu'il leur faut pour vivre.

Il te faut :

Deux fleurs blanches

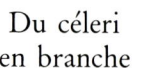
Du céleri en branche

Des ciseaux

Trois verres d'eau

Du colorant alimentaire vert, rouge et bleu

1 Verse un colorant alimentaire différent dans chaque verre. Mélange bien.

2 Fends soigneusement une tige jusqu'à la tête de la fleur.

Taille les extrémités des tiges.

3 Glisse chaque demi-tige dans un verre différent. Mets la fleur entière dans le troisième verre.

La tige apporte de l'eau verte à tous les pétales de la fleur.

Cette demi-tige apporte de l'eau rouge à une moitié de la fleur.

L'eau colorée en bleu monte dans cette partie de la tige jusque dans l'autre moitié de la fleur.

4 Mets les fleurs dans une pièce chaude. Au bout de quelques heures, elles commencent à changer de couleur. Elles absorbent l'eau colorée, qui voyage à travers la tige jusqu'aux pétales.

5 Coupe la tige du céleri et mets-la dans l'eau colorée en rouge. Les feuilles du céleri vont devenir rouges !

Si tu coupes la tige du céleri, tu pourras voir les « veines » dans lesquelles circule l'eau avant d'atteindre les feuilles.

Crédits photographiques
(abréviations utilisées : B : bas, C : centre, G : gauche, D : droite, H : haut).
Brian Cosgrove : 7CD ; Derbyshire Countryside Ltd/Andy Williams : 17BC ; Pete Gardner : 6BC, 7HG ; Malvin Van Gelderen : 23BG ; Sally and Richard Greenhill : 9CG ; The Image Bank : 6HD ; NHPA/Manfred Danegger : 25BG ; Science Photo Library/Adam Hart-Davis : 26BG ; Ron Church : 19BG ; M. Fraudreau Rapho : 13BG ; Peter Ryan/Scripps : 15BD ; Spectrum Colour Library : 27BG ; Zefa : 7HD, 11BD, 21BG.

Recherche iconographique : Kate Fox

Photo de couverture : Dave King